U0306949

贺师傅家常美食，
从手到心的幸福之旅……

56道正宗徽菜滋鲜味美
613幅详尽图解一看就会

家常徽菜

加贝 ◎ 著

译林出版社

图书在版编目（CIP）数据

家常徽菜 / 加贝著. —— 南京：译林出版社，2016.6
（贺师傅中国菜系列）
ISBN 978-7-5447-6389-9

Ⅰ.①家… Ⅱ.①加… Ⅲ.①徽菜—菜谱 Ⅳ.①TS972.182.54

中国版本图书馆CIP数据核字（2016）第098708号

书　　名	家常徽菜
作　　者	加　贝
责任编辑	王振华
特约编辑	梁永雪　刁少梅
出版发行	凤凰出版传媒股份有限公司
	译林出版社
出版社地址	南京市湖南路1号A楼，邮编：210009
电子信箱	yilin@yilin.com
出版社网址	http://www.yilin.com
印　　刷	北京旭丰源印刷技术有限公司
开　　本	710×1000毫米　　1/16
印　　张	8
字　　数	25千字
版　　次	2016年6月第1版　2016年6月第1次印刷
书　　号	ISBN 978-7-5447-6389-9
定　　价	25.00元

译林版图书若有印装错误可向承印厂调换

目录

肥西老母鸡汤！

怎么炖才肥美鲜嫩？

以鲜制胜的徽菜

徽菜菜系又称"徽帮"，是中国汉族八大菜系之一。它发祥于南宋时期，起源于古徽州今绩溪、歙县一带。距今已有一千多年的历史，是徽州传统的民间菜肴。主要名菜有火腿炖甲鱼、腌鲜鳜鱼、黄山炖鸽等。

就地取材，以鲜制胜

徽地盛产山珍野味、河鲜家禽，可就地取材，如石鸡、石鱼、石耳、甲鱼、鹰龟等山珍野味，以及"祁红"、"屯绿"等驰名于世的徽州特产。徽地资源丰富，食材质地优良，取之不尽、用之不竭，使菜肴地方特色突出并保证鲜活。

善用火候，火功独到

根据不同原料的质地特点、成品菜的风味要求，徽菜分别采用大火、中火、小火烹调，对火功要求苛刻。炒菜用油是自种自榨的菜籽油，并使用大量木材作燃料：有炭火的温炖，有柴禾的急烧，有树块的缓烧，是比较讲究的。

❧ 物产丰盛，取材多样

❧ 重油、重色、重火功

徽菜擅长烧、炖、蒸，而爆、炒少，重油、重色、重火功。重色：调色之功；重油：调味之功；重火功：调质之功。如老或嫩，硬或软，结或松等。徽菜用火腿调味是传统，制作火腿在徽州也是普及型的家庭技术。

❧ 注重天然，以食养身

徽菜继承了中国医食同源的传统，讲究食补，这是徽菜的一大特色。徽州地区气候温和，雨量适中，四季分明，物产丰盈，盛产茶叶、竹笋、香菇、木耳、板栗、山药和石鸡、石鱼等山珍野味，并将丰盛的食材用于烹饪。

• 书中计量单位换算

1小勺盐≈3g
1小勺糖≈2g
1小勺淀粉≈1g
1小勺香油≈2g
1小勺酵母粉≈2g

1大勺淀粉≈5g
1大勺酱油≈8g
1大勺醋≈6g
1大勺蚝油≈14g
1大勺料酒≈6g

1大勺标准（平勺）

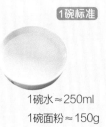

1碗标准

1碗水≈250ml
1碗面粉≈150g

徽菜调味料一览

徽菜重油、重色、重火功,所以在调味料的选用上会重视白糖、猪油、酱油等,以使菜品达到色、香、鲜俱全。

白糖		白糖是由甘蔗和甜菜榨出的糖蜜制成的精糖,色白、干净、甜度高。徽菜善用糖,用甜去腥腻,提鲜味。
熟猪油		猪油,中国人也将其称为荤油或猪大油。它是由猪肉提炼出,初始状态是略黄色半透明液体的食用油。徽菜重油,而用猪油炒出来的菜具有一种特殊香味,深受人们欢迎。
黄酒		黄酒不仅是一种美味的饮用酒,也是一种调料。黄酒酒精含量适中,味香浓郁,富含氨基酸等呈味物质,人们都喜欢使用黄酒,在烹制荤菜,特别是烹制羊肉、鲜鱼时加入少许,不仅可以去腥膻,还能增加鲜美的风味。
冰糖		冰糖是砂糖的结晶再制品,自然生成的冰糖有白色、微黄、淡灰等色,品质纯正,不易变质,除可作糖果食用外,也可用于烹羹炖菜或制作甜点。徽菜重色,烹饪时加入少许冰糖可起到上色和提鲜的作用。
酱油		酱油是中国传统的调味品,用豆、麦、麸皮酿造而成,色泽呈红褐色,有独特酱香,滋味鲜美,有助于促进食欲。烹调食品时加入一定量的酱油,可增加食物的香味,并可使色泽更加美观。
水淀粉		水淀粉是用淀粉加水勾兑而成,勾芡用的淀粉主要有绿豆淀粉、马铃薯淀粉、麦类淀粉、菱角淀粉、藕淀粉、玉米淀粉等。勾芡可使食物间接受热,保护食物的营养成分并改善口味,使流失的营养素随着浓稠的汤汁一起被食用。
鸡汤		鸡汤,特别是老母鸡汤,向来以美味著称,徽菜喜爱在烹饪过程中加入鸡汤,不仅营养丰富,还能起到提鲜的作用。需要注意的是,炖鸡汤时需提前把鸡油清除再炖,以免太油腻。

肉食家禽

杨梅丸子

寸金肉

杨梅丸子、寸金肉、徽式卤舌、风羊火锅……
品尝徽式肉食的风情万种。

徽式卤舌

风羊火锅

猪肉甘咸、性平，入脾、胃、肾经，具有补肾养血、滋阴润燥之功效，还提供人体必需的脂肪酸，将猪肉做成金黄香脆的丸子，搭配甘甜爽口的杨梅汁，美味诱人，有提升食欲之功效。

中级 35分钟 3人

杨梅丸子

- 材料：猪腿肉1块、鸡蛋1个
- 调料：盐1小勺、面包糠半碗、油1碗、清水半碗、白糖1大勺、醋1大勺、杨梅汁半碗、水淀粉1大勺、香油1小勺

制作方法

1 猪腿肉洗净，剁成肉泥，放在碗内。

2 鸡蛋打入肉泥中，加盐和少许清水，搅拌均匀。

3 取搅好的肉泥，用手挤成杨梅大小的肉丸，均匀地裹上面包糠。

4 锅中倒入1碗油，烧热后，放入处理好的肉丸，炸至金黄，捞出滗油。

5 净锅，倒入清水，加白糖、醋、杨梅汁，中火烧至熔化。

6 加水淀粉勾芡，接着倒入肉丸，翻炒片刻，淋入香油，即成杨梅丸子。

Q&A
杨梅丸子怎么做才香甜不腻？

首先，最好选购三成肥、七成瘦的猪腿肉，这样的肉吃起来香而不腻；其次，肉丸用面包糠裹匀后再炸制，可使其金黄香脆；最后，熬制卤汁时，宜选用中小火，避免熬煳。

中级　⏱ 1小时20分钟　🍽2人

麻油肠卷

- 材料：蒜3瓣、葱1段、香葱1根、猪瘦肉1块、鸡脯肉1块、猪大肠2根
- 调料：盐3小勺、醋1大勺、淀粉2大勺、酱油1大勺、油2碗、香油1大勺

Q&A

麻油肠卷怎么做才鲜香美味？

首先，猪大肠需用盐和醋反复搓洗，这样才能去除异味，否则会影响食用口感；其次，大肠灌好后，需要放入沸水中焯烫片刻，至外皮紧绷方可取出。

 制作方法

1 蒜去皮、洗净，切末；葱洗净，切末；香葱洗净，切葱花，备用。

2 猪瘦肉、鸡脯肉分别洗净，切成小丁，备用。

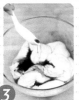

3 猪大肠用盐和醋搓洗干净，去除异味，再用清水冲洗干净。

4 然后，将大肠的一端用细麻绳扎紧，把肠子翻过来，撒上一层淀粉，再复原。

5 将鸡肉丁、猪肉丁放入碗中，加葱蒜、盐拌匀，灌入大肠，用绳扎紧口。

6 将灌好的大肠入沸水焯烫，至外皮紧绷，立即取出，放入盘内。

7 入蒸锅蒸40分钟，蒸熟后取出，趁热抹上酱油。

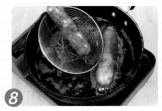

8 锅中倒入油，烧至七成热，放入大肠，炸至呈浅酱红色时，捞出沥油。

9 解去麻绳，抹上香油，晾凉后切成0.5 cm厚的圆片，整齐地摆入盘内即可。

中级　45分钟　2人

寸金肉

- 材料：葱1段、姜1块、猪里脊肉1块、火腿1根、香葱1根、鸡蛋1个、芝麻半碗
- 调料：盐1小勺、黄酒1大勺、胡椒粉1小勺、淀粉2大勺、油1碗

Q&A

寸金肉怎么做才金黄香脆?

猪肉切片后用刀背拍松拍薄, 腌制时更容易入味; 炸制的时候油温不要太高, 以免将芝麻炸糊; 肉条炸至浮起后, 需捞出复炸, 这样做出的寸金肉会更加香脆金黄。

制作方法

1 葱洗净, 姜去皮、洗净, 均切碎, 放入碗中, 加清水, 制成葱姜水, 备用。

2 猪里脊肉片成大片, 用刀背拍松, 加盐、黄酒、胡椒粉、葱姜水拌匀, 腌制片刻。

3 火腿切末; 香葱洗净, 切葱花, 与火腿末一起放入碗中, 加入 1 大勺淀粉, 拌匀。

4 鸡蛋打入碗中, 加剩余淀粉, 搅拌均匀成蛋糊, 备用。

5 取腌制好的肉片, 包入火腿馅, 卷成长条, 用蛋糊封口。

6 将包好的肉条放入蛋糊中裹匀, 再蘸满芝麻。

7 锅中倒入油, 烧至五成热, 放入肉条, 炸至浮起, 捞出。

8 待油温升高, 放入肉条复炸至金黄, 捞出滗油。

9 最后, 切成段, 即成外焦里嫩的寸金肉。

中级　45分钟　3人

腐乳鸡

- 材料：三黄鸡1只、姜1块、葱1段、香菜1根
- 调料：南乳汁半碗、江米酒2大勺、盐1小勺、冰糖1大勺、熟猪油1.5大勺、水淀粉1大勺

Q&A
腐乳鸡怎么做才香气馥郁？

腐乳鸡是由南乳汁和江米酒调味蒸制而成的，咸甜适度，别有风味。将冰糖放入鸡肉中蒸制，既可提升腐乳鸡的色泽，蒸出来后汤汁也会更加黏稠，香气馥郁。

制作方法

1 鸡杀洗干净，剁成5cm长、2cm宽的块，放入容器内。

2 加入南乳汁、江米酒、盐，搅拌均匀，备用。

3 姜去皮、洗净，拍松；葱洗净，切段；香菜洗净，切段。

4 另取容器，将葱、姜放在底部。

5 将处理好的鸡肉整齐地摆入放有葱姜的容器中。

6 加冰糖、1大勺熟猪油，盖上保鲜膜，放入蒸锅，蒸至八成熟。

7 取出后，掀开保鲜膜，滗出原汁，将鸡肉倒扣在盘内，拣去葱姜。

8 蒸鸡原汁倒入炒锅中，大火烧开，用水淀粉勾芡，再淋入剩余熟猪油。

9 烧好后淋在鸡肉上，撒上香菜，即为腐乳鸡。

鸭肉可大补虚劳、滋五脏之阴、清虚劳之热、补血行水、养胃生津；鸡肉蛋白质含量较高，且易被人体吸收利用，还含有对人体生长发育具有重要作用的磷脂类，是中国人膳食结构磷脂的重要来源之一。

中级　35分钟　2人

双爆串飞

- 材料：葱1段、香菜1根、姜1块、青豆半碗、鸡脯肉1块、鸭脯肉1块、鸡蛋清1份
- 调料：花椒粉1小勺、盐1小勺、油1大勺

制作方法

1 葱和香菜洗净，切段；姜去皮、洗净，切片；青豆洗净，入沸水焯烫，去除豆腥味。

2 鸡脯肉、鸭脯肉洗净，切"十"字花刀，加入花椒粉、盐，腌15分钟。

3 腌好的鸡脯肉、鸭脯肉入沸水焯烫，变色后捞出，沥干水分，加入鸡蛋清裹匀。

4 锅中倒入1大勺油，烧热后爆香葱姜，放入青豆，翻炒片刻。

5 放入处理好的鸡脯肉、鸭脯肉，翻炒至熟。

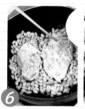

6 拣去葱段、姜片，撒上香菜，盛出后即可食用。

Q&A
双爆串飞怎么做才能鲜嫩入味？

青豆需放入沸水中焯烫，这样可以去除豆腥味，而且吃起来口感更佳。鸡脯肉、鸭脯肉切"十"字花刀，更有利于入味，然后再入沸水焯烫片刻，以有效去除腥味。

中级　　25分钟　　2人

胗心相伴

- 材料：青椒 1 个、红椒 1 个、鸡胗 10 个、鸡心 10 个
- 调料：料酒 1 大勺、葱姜汁 1 大勺、盐 1 小勺、白胡椒粉 1 小勺、水淀粉 1 大勺、高汤 1 大勺、油 1 大勺

制作方法

1 青椒、红椒洗净，切菱形片，备用。

2 小碗中加入料酒、葱姜汁、盐、白胡椒粉、水淀粉、高汤，拌匀成芡汁。

3 鸡胗、鸡心洗净，切花刀，入沸水焯烫后捞出，滗干水分。

4 锅中倒入 1 大勺油，烧热后放入鸡胗、鸡心煸炒。

5 放入青椒、红椒，炒匀至熟。

6 倒入芡汁，翻炒均匀，即可装盘。

Q&A

胗心相伴怎么做才鲜香入味？

鸡胗、鸡心需切花刀，这样有助于入味，而用沸水焯烫，可以去除腥味。另外，青椒、红椒易熟，煸炒时间不宜过长，以保持新鲜脆爽和鲜嫩的颜色。

猪肉可提供人体必需的脂肪酸，具有滋阴润燥的功效。另外，猪肉还可提供血红素（有机铁）和促进铁吸收的半胱氨酸，能改善缺铁性贫血。

中级　　⏱ 35分钟　　🥣 2人

腐乳爆肉

- 材料：葱 1 段、姜 1 块、猪里脊肉 1 块
- 调料：盐 1 小勺、绍酒 1 大勺、红腐乳 2 块、鸡蛋黄 1 份、水淀粉 1 大勺、油 1 大勺
- 芡汁料：盐 1 小勺、酱油 1 大勺、醋 1 大勺、绍酒 1 大勺、白糖 1 大勺、水淀粉 1 大勺、
  香油 1 小勺

 制作方法

1 葱洗净，切段；姜去皮、洗净，切丝；猪里脊肉洗净，切片，备用。

2 肉片中加盐、绍酒和 1 块红腐乳，再加入鸡蛋黄、水淀粉，用手反复抓匀。

3 将另一块红腐乳放入所有芡汁料中，搅拌均匀成芡汁。

4 炒锅中倒入 1 大勺油，烧热后放入肉片，煸炒至变色。

5 放入姜丝继续煸炒，烹入芡汁，用大火炒匀。

6 最后，放入葱段，煸炒至断生，即可出锅。

Q&A
腐乳爆肉怎么做才味道浓郁？

首先，需选购红色的豆腐乳，和肉一起煸炒时味道更加鲜美独特；其次，猪里脊肉中需先加入红腐乳、鸡蛋黄、水淀粉等腌制片刻，这样炒出的肉片才滑嫩香醇。

中级　　40 分钟　　2 人

核桃鸡

- 材料：火腿 1 根、香菇 3 朵、冬笋 1 块、鸡脯肉 1 块、鸡蛋清 1 份、核桃 10 个
- 调料：盐 2 小勺、黄酒 2 大勺、淀粉 1 大勺、油 1 碗、鸡汤半碗、白糖 1 大勺、水淀粉 1 大勺、香油 1 小勺

Q & A
核桃鸡怎么做才香脆爽口？

核桃去壳后，需放入温水中泡发，这样外皮更容易撕去，且吃起来不会有生涩感；炸核桃时需注意火候，不可炸煳；核桃鸡球需炸至外皮发挺，这样吃起来更香脆。

制作方法

1 火腿切片；香菇洗净，切片；冬笋洗净，入沸水焯烫后捞出，切片。

2 鸡脯肉洗净，切成约4cm见方的薄片。

3 鸡肉片放入碗中，加1小勺盐、1大勺黄酒、鸡蛋清、淀粉，抓匀。

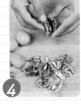

4 核桃去壳，取仁，放入温水中泡发，剥去外皮。

5 锅中倒入1碗油，烧热后放入核桃仁，炸至浅黄，捞出后滗干，晾凉。

6 取鸡肉片，包入1颗核桃仁，放入烧热的油锅，炸至外皮发挺时，捞出滗油。

7 锅中留底油，烧热后放入香菇、冬笋煸炒。

8 接着加入鸡汤、白糖、盐、黄酒，再用水淀粉勾薄芡。

9 放入火腿、核桃鸡球，翻炒片刻，淋香油，即可出锅。

牛肉有暖胃作用，为寒冬食补佳品。牛肉有补中益气、滋养脾胃、强健筋骨的功效。牛肉含有的锌、镁、钾等微量元素和优质蛋白，可以影响肌肉生长，增强肌肉力量，提高免疫力。

初级 40分钟 2人

白牛肉

- 材料：香菜1根、蒜3瓣、干辣椒3个、牛肉1块
- 调料：白酱油1大勺、香油1小勺、盐1小勺

制作方法

1 香菜洗净，切段；蒜去皮、洗净，切末；干辣椒洗净，切丝。

2 牛肉放入冷水中浸泡2小时，取出后，用清水漂洗3-4次，洗净血水。

3 牛肉放入锅中，加清水至没过牛肉，大火烧开后，撇去浮沫，转小火，继续焖煮3小时。

让肉在汤中漂泡，以保持鲜嫩

4 待牛肉煮烂时，关火，晾凉。

5 牛肉取出，切成薄片，装盘；将白酱油、香油、盐放在碗中调匀，淋在牛肉上。

6 最后，撒上干辣椒丝、香菜段、蒜末，即可食用。

Q&A

白牛肉怎么做才味道鲜美？

首先，牛肉需提前在冷水中浸泡2小时，再不断漂洗，直至洗净血水；其次，牛肉放入锅中煮沸后需转小火慢煮3小时，这样吃起来更软烂。另外，牛肉煮好后不要立即取出，放在汤中浸泡片刻，可使其更加鲜嫩。

中级　⏱ 35分钟　🍽 2人

肉元茄子

- 材料：蒜2瓣、香葱1根、青椒1个、红椒1个、茄子1个、猪肉馅1碗
- 腌料：鸡蛋清1份、葱姜汁1小勺、十三香1小勺、料酒1大勺、盐1小勺
- 调料：面粉半碗、油2碗、高汤1大勺、盐0.5小勺、水淀粉1大勺

Q & A

肉元茄子怎么做才香味浓郁？

茄子表面蘸匀面粉后炸制，既可避免炸煳，炸出来后金黄香脆，口感更佳。另外，炸肉丸时，火力不可太大，以免炸煳；而炸茄子时则更要用大火，这样可避免浸油。

🍲 制作方法

1 蒜去皮、洗净，切片；香葱洗净，切葱花；青红椒洗净，切菱形片。

2 茄子去皮、洗净，切滚刀块，然后蘸匀面粉。

3 猪肉馅中加入所有腌料，顺着同一方向搅拌均匀，腌制5分钟。

4 取腌制好的猪肉馅，用手挤成大小均匀的肉丸。

5 锅中倒入2碗油，烧至五成热，放入肉丸炸熟，捞出滗油。

6 待油温升至七成热，放入茄子，炸至金黄色，捞出滗油。

7 锅中留底油，烧热后爆香蒜片，再放入青红椒炒熟。

8 接着放入炸好的肉丸和茄子，调入高汤和盐，翻炒均匀。

9 最后，用水淀粉勾芡，撒上葱花，即可食用。

中级　🕐 50 分钟　🥢 3 人

捶 鸡

- 材料：香菜 1 根、三黄鸡 1 只
- 调料：鸡蛋清 1 份、盐 2 小勺、料酒 1 大勺、淀粉 2 大勺、猪油 1 大勺、鸡汤 1 碗

Q&A
捶鸡怎么做才松软可口?

首先,将加了鸡蛋清的调味品抹在鸡肉身上,做出的鸡才更鲜嫩;其次,制作捶鸡时,要前后两次用刀背排捶鸡肉,越松软越好,而第二次排捶可使调料更好地浸入肉中。

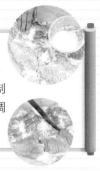

制作方法

捶鸡时一定要用刀背轻轻捶,不可用刀刃剁

① 香菜洗净,切段;鸡杀洗干净,剔去鸡骨,皮朝下,平铺在案板上。

② 用刀将鸡肉轻轻捶松。

③ 碗中放入鸡蛋清、1小勺盐、料酒、淀粉,拌匀后,均匀地涂抹在鸡肉上。

④ 再次用刀轻轻地在鸡肉上排捶,使调料渗透在鸡肉中。

⑤ 将鸡肉切成2cm宽、5cm长的条块,整齐地摆放在涂了猪油的盘中。

⑥ 接着放入蒸锅,蒸约5分钟。

⑦ 将蒸好的鸡肉块皮朝下放入碗中,加鸡汤、1小勺盐,入蒸锅继续蒸10分钟。

⑧ 将蒸好的捶鸡取出,倒扣在盘中。

⑨ 最后,撒上香菜,即为美味鲜嫩的捶鸡。

中级　　40 分钟

徽式卤舌

- **材料**：葱1段、姜1块、香葱1根、猪舌1条
- **调料**：绍酒1碗、冰糖1小勺、酱油3大勺、盐2小勺
- **香辛料**：八角1个、花椒1小勺、小茴香1小勺、桂皮1块

制作方法

1 葱洗净，切段；姜去皮、洗净，拍松；香葱洗净，切葱花。

2 将八角、花椒、小茴香、桂皮放入纱布袋内，扎紧口，即为香料袋。

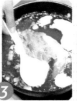

3 猪舌刮洗干净，放入沸水锅中煮制，撇去浮沫，捞出后刮去舌苔膜，洗净。

4 锅中放入猪舌，加入绍酒、冰糖、葱、姜和香料袋。

5 接着加入酱油、盐，中火煮至六成烂时关火，晾凉。

6 最后，取出猪舌，抽去舌根骨，切薄片装盘，浇少许卤汁，撒上葱花，即可食用。

Q & A
徽式卤舌怎么做才味道醇厚？

徽式卤舌要想味道醇厚，卤汁里就不要加清水，而以绍酒为主，搭配酱油、盐和香辛料，一般20分钟即可将猪舌煮至六成烂。另外，煮好的猪舌不要立即取出，需浸泡在锅中，以充分吸收卤汁的鲜味。

中级　45分钟　2人

炸排肉

- 材料：葱1根、姜1块、生菜1棵、五花肉1块、肥膘肉1块、鸡蛋1个
- 调料：盐2小勺、高汤1碗、面粉半碗、糯米粉2大勺、熟猪油1碗、香油1小勺

Q&A

炸排肉怎么做才香脆金黄?

炸排肉生坯需裹上用糯米粉、盐、鸡蛋调制而成的蛋糊,这样炸出来后才酥脆金黄。另外,炸排肉需炸两次,第一次可将肉炸熟,第二次则可使炸排肉外表更加酥脆。

制作方法

1 葱洗净,切末;姜去皮、洗净,切末;生菜洗净,入沸水焯烫后捞出。

2 五花肉去皮、洗净,剁碎,放入碗内,加葱姜末、1 小勺盐,拌匀成肉馅。

3 肥膘肉放入高汤锅内,煮至七成熟,捞出晾凉。

4 接着切成 3.3cm 长、3.5cm 宽、0.5cm 厚的片,平摆在盘内,撒上面粉。

5 将肉馅均匀地涂抹在肥膘肉片上。

6 生菜叶切成和肥膘肉大小相同的片,覆盖在肉馅上,即为炸排肉生坯。

7 鸡蛋打散在碗中,加糯米粉、盐,调匀成蛋糊。

8 锅中倒入熟猪油,大火烧至五成热,将炸排肉生坯裹上蛋糊,放入锅中炸至浅黄,捞起。

9 待油温升至七成热,将炸排肉复炸至呈金黄色,捞出沥油,淋入香油即可。

老母鸡的鸡肉属阴，比较适合产妇、年老体弱及久病体虚者食用。而且老母鸡由于生长期长，肉中所含的鲜味物质要比仔鸡多，炖出来的汤味道更加鲜美，具有极好的补益作用。

中级 · 40分钟 · 2人

肥西老母鸡汤

- 材料：香菜 1 根、枸杞 1 大勺、肥西老母鸡 1 只
- 调料：盐 3 小勺

制作方法

盐只搓在鸡皮部分，不要搓到鸡肉上

1 香菜洗净，切段；枸杞泡发；老母鸡杀洗干净，用厨房纸吸干表面水分。

2 用盐在鸡皮上搓抹，至盐充分融化。

3 将鸡放入冰箱冷藏 20 分钟后，放入容器中，倒入清水至没过鸡。

4 接着将处理好的鸡放入蒸锅中，大火蒸 30 分钟。

5 掀开锅盖，加 1 小勺盐，盖上锅盖，继续蒸 20 分钟。

6 蒸好后撒上香菜、枸杞，汤鲜味美的肥西老母鸡汤就做好了。

Q&A
肥西老母鸡汤怎么做才汤鲜肉美？

首先，用盐在鸡身上搓抹时，要只搓鸡皮，不要接触鸡肉；其次，搓盐并冷藏后再蒸制，鸡皮会更香脆；最后，蒸制半小时后，加少许盐，再次蒸制，会更加鲜香入味。

中级　⏱ 30分钟　🍽 2人

什锦肉丁

- 材料：姜 1 块、红辣椒 3 个、黄豆半碗、青豆半碗、胡萝卜 1 根、香菇 3 朵、猪里脊肉 1 块
- 调料：料酒 1 大勺、胡椒粉 1 小勺、油 2 大勺、盐 1 小勺

Q & A
什锦肉丁怎么做才脆爽鲜香？

青豆和胡萝卜需入沸水焯烫，这样吃起来更脆爽，且颜色更鲜亮；猪肉需用料酒、胡椒粉、姜丝腌制片刻；炒制红辣椒时，需炒出辣味后再放入其它食材，这样炒出的菜味道更加辛香。

制作方法

① 姜、洗净，切丝；红辣椒洗净，切圈；黄豆提前浸泡，洗净；青豆洗净。

② 胡萝卜去皮、洗净，切丁；香菇去蒂、洗净，切丁；猪里脊肉洗净，切丁。

③ 猪肉丁中加料酒、胡椒粉、姜丝，拌匀，备用。

④ 青豆与黄豆入沸水煮熟，捞出滗干。

⑤ 胡萝卜入沸水焯烫片刻，捞出滗干。

⑥ 锅中倒入2大勺油，烧热后放入肉丁，煸炒至变色后盛出。

⑦ 锅中留底油，烧热后放入红辣椒，煸炒出辣味。

⑧ 接着放入胡萝卜、肉丁、青豆、黄豆与香菇，翻炒至熟。

⑨ 最后，加盐调味，即为爽口美味的什锦肉丁。

莴笋中含有多种维生素和矿物质，具有调节神经系统功能的作用；同时，其所含有机化合物中则富含人体可吸收的铁元素，对于缺铁性贫血病人十分有利。

中级　30分钟　2人

香辣莴笋翅

- 材料：姜 1 块、葱 1 段、莴笋 1 棵、红尖椒 4 个、鸡翅 6 个
- 调料：豆瓣酱 1 大勺、番茄酱 1 大勺、生抽 2 大勺、白糖 1 大勺、盐 1 小勺、料酒 2 大勺、油 1 大勺、水淀粉 1 大勺、香油 1 小勺

制作方法

1 姜去皮、洗净，切片；葱洗净，切段；碗中放入豆瓣酱、番茄酱、1 大勺生抽、白糖，调匀成酱汁。

2 莴笋去皮、筋，洗净，切滚刀块；红尖椒去蒂、籽，洗净，切条，备用。

3 鸡翅洗净，加盐、1 大勺料酒、生抽，腌制入味，备用。

4 锅中倒入 1 大勺油，烧至四成热，放入鸡翅，翻炒至变色。

5 烹入料酒，加入姜片、葱段、酱汁、清水，炖煮 10 分钟，再放入莴笋、红尖椒，翻炒均匀。

6 用水淀粉勾芡，大火收汁，淋入香油，即为香辣莴笋翅。

Q&A
香辣莴笋翅怎么做才辣香够味？

首先，莴笋需切成长形滚刀块，不要切成短粗形；其次，鸡翅先用料酒、生抽、盐腌制片刻，不仅去腥，也会更加入味；最后，用水淀粉勾芡后，需用大火炒至鸡翅色泽油亮，更加美味。

中级 ⏱ 1小时30分钟 🍽 2人

葱油开水排

- 材料：油麦菜 1 棵、葱 1 段、姜 1 块、蒜 3 瓣、洋葱 1 块、香芹 1 棵、土芹 1 棵、香葱 1 根、猪肋排骨 3 根
- 调料：盐 1 小勺、鸡粉 1 小勺、料酒 1 大勺、豉油 1 大勺、葱油 1 大勺
- 香辛料：香茅 2 根、草果 2 颗、八角 1 个、白豆蔻 1 个、七星椒 2 个

38

Q&A
葱油开水排怎么做才肉质滑嫩？

猪肋排骨需放入清水浸泡，以去除血水和腥味；将蒜、洋葱、香茅等搅碎，加入盐、鸡粉、料酒拌成料汁，放入排骨腌制，可使排骨味道香嫩可口。

制作方法

1 油麦菜洗净，切成 5cm 长的段，入沸水焯烫后捞出，滗干水分。

2 葱洗净，切丝；姜去皮、洗净，切片，备用。

3 蒜去皮，洗净；洋葱、香芹、土芹、香葱洗净，均切碎。

4 将蒜、洋葱、香芹、土芹、香葱、1 根香茅、1 颗草果放入搅拌机中搅碎。

5 搅碎后取出，加盐、鸡粉、料酒拌匀成料汁。

6 猪肋排骨洗净，斩成 6cm 长、2cm 宽的段，入清水浸泡半小时，去除血水，捞出滗干。

7 将排骨放入步骤 5 的料汁中，腌制 30 分钟后取出。

8 腌好的排骨放入盘中，加入姜片和剩余所有香辛料，入蒸锅蒸 30 分钟至排骨熟透。

9 将蒸好的排骨摆入盘周围，中间放入油麦菜、葱丝，浇上豉油和葱油，即成葱油开水排。

中级　⏱ 1小时　🍚 3人

风羊火锅

- 材料：香葱3根、姜1块、干辣椒4个、葱1段、肥瘦羊肉1块
- 调料：花椒1小勺、熟猪油1大勺、盐1小勺、酱油1大勺、黄酒1大勺、白糖1大勺、胡椒粉1小勺

Q&A

羊肉怎么炖制才能酥烂油润？

羊肉最好选取风干羊肉，即入冬后宰杀，开膛后悬挂于风口处风干的羊肉，有风干过程中产生的特殊芳香，吃起来口感独特；羊肉需提前用淘米水泡软，去除膻味和血污，之后再用清水泡半小时。

制作方法

1 香葱洗净，打成结；姜洗净，一半切片，一半切丝。

2 干辣椒洗净，横切两半；葱洗净，切段，备用。

3 羊肉洗净，剁成大块，放入淘米水中浸泡1天至软，去除血污后换清水浸泡半小时。

4 将泡好的羊肉放入锅中，加清水、花椒、葱结、姜片，用中火炖至熟烂。

5 羊肉煮熟后捞出，羊肉汤滤去沉渣留用。

干辣椒炸出辣味，油色泛红，编炒出的羊肉口味更香辣

6 炒锅置小火上，倒入熟猪油，烧至两成热，放入干辣椒炸至辣味溢出，捞出。

7 接着放入姜丝，转大火，再放入羊肉稍煸。

8 羊肉中加盐、酱油、黄酒、白糖、羊肉汤烧烩。

9 待烧烩入味，加葱段，撒上胡椒粉，即可盛出食用。

中医认为，鸭胗性味甘、咸平，具有健胃之功效；锅巴香脆可口，有助于开胃；而鸭胗和猪肚中均含有钙、维生素等多种营养元素，可补充人体营养。

中级　40分钟　2人

双脆锅巴

- **材料：** 香菇3朵、冬笋1块、火腿1根、葱1段、姜1块、猪肚1块、鸭胗5个、锅巴1碗
- **调料：** 碱1大勺、鸡汤1碗、盐1小勺

制作方法

1 香菇去蒂、洗净，切小块；冬笋洗净，切小块；火腿切小块。

2 葱洗净，切段；姜去皮、洗净，切丝，均放入碱水中，备用。

3 猪肚、鸭胗洗净，切"十"字花刀，切成小块后，放入碱水中泡软，捞出后洗净。

4 炒锅烧热，加入鸡汤、猪肚、鸭胗和葱姜，煮至八成熟，加盐调味。

5 接着放入香菇、冬笋、火腿，煮熟，备用。

6 将煮好的所有食材和汤汁浇在锅巴上，即可食用。

Q&A
双脆锅巴怎么做才酥香味美？

猪肚、鸭胗需放入葱、姜、碱制成的葱姜水中浸泡，以去除腥味，注意捞出后需用清水洗净碱味；锅巴也可以炸一下，待汤煮好，迅速淋在锅巴上，这样味道会更鲜美。

水产海鲜

香炸琵琶虾

葡萄鱼

香炸琵琶虾、葡萄鱼、莲蓬鱼、麻花酥鲫鱼……
感受山珍野味的鲜美风味。

莲蓬鱼

麻花酥鲫鱼

腌鲜鳜鱼

- 材料：冬笋1块、青蒜1根、姜1块、鳜鱼1条、猪肉1块
- 调料：油2碗、老抽1小勺、料酒1大勺、白糖1大勺、盐2小勺、鸡汤1碗、水淀粉1大勺、香油1小勺

制作方法

1 冬笋洗净，入沸水焯烫后捞出，切片；青蒜洗净，切段；姜洗净，切末。

2 鳜鱼洗净，两面斜切花刀，晾干；猪肉洗净，切片。

3 锅中倒入2碗油，大火烧至七成热，放入鳜鱼，炸至呈淡黄色，捞出沥油。

4 锅中留底油，烧热后放入猪肉、冬笋煸炒。

5 接着放入鳜鱼，加老抽、料酒、白糖、盐、鸡汤、姜末，大火烧开后，转小火。

6 待汤汁收干时，撒入青蒜段，用水淀粉勾薄芡，淋入香油，即可食用。

Q&A
腌鲜鳜鱼怎么做才更鲜香?

鳜鱼切花刀，更有利于入味，但刀口不可过长，避免切断；收汁时宜用小火，不可操之过急，要让滋味慢慢地渗入鱼肉内，否则不易入味，且容易造成糊锅现象。

🍴 中级　⏰ 1 小时 20 分钟　🍽 2 人

香炸琵琶虾

- 材料：香菇 2 朵、冬笋 1 块、虾仁 5 个、肥猪膘肉 1 块、鸡脯肉 1 块、凤尾虾 10 个、白芝麻 1 大勺
- 调料：鸡蛋清 2 份、水淀粉 2 大勺、盐 1 小勺、胡椒粉 1 小勺、黄酒 1 大勺、面粉 2 大勺、香油 1 小勺、熟猪油 2 碗

水产
海鲜

Q&A

香炸琵琶虾怎么做才外焦里嫩?

肥猪膘肉、鸡脯肉、虾仁剁成茸搅拌时,需沿着同一方向搅拌至上劲,这样吃起来才会更鲜嫩;用鸡蛋清、面粉等调成酥糊,裹在凤尾虾身上,炸出来会更金黄香脆。

制作方法

1 香菇去蒂、洗净,切丝;冬笋去皮、洗净,切丝;虾仁洗净,挑去虾线。

2 肥猪膘肉、鸡脯肉洗净,和虾仁一起剁成茸,放入碗中。

3 加入鸡蛋清、水淀粉、盐、胡椒粉、黄酒,沿着同一方向搅拌至上劲。

4 往调好的肉茸里放入笋丝、香菇丝,搅拌均匀,制成虾馅。

5 凤尾虾洗净,沿着虾脊背切开,不切断,用刀轻轻拍扁,虾尾朝上放入汤勺里。

6 取虾馅放在凤尾虾上,抹平后,入蒸锅蒸5分钟,取出晾凉后脱离汤勺,放在盘中。

7 将鸡蛋清、面粉、水淀粉、香油放入碗中,调匀成酥糊。

8 将蒸好的琵琶虾在酥糊中蘸匀,再撒上一层白芝麻。

9 锅中倒入熟猪油,烧热后放入琵琶虾,炸至外皮酥脆,捞出沥油,即可食用。

49

鲫鱼具有健脾、开胃、利水、通乳、除湿的功效；莲藕性寒，有清热凉血的作用，而且富含铁、钙等微量元素，有明显的补益气血、增强人体免疫力的功效。

中级　5小时　3人

包公鱼

- 材料：葱1段、姜1块、藕1节、鲫鱼2条、猪肋排骨3根
- 调料：生抽1大勺、黄酒1大勺、香油1小勺
- 调料汁：老抽1小勺、香醋1大勺、黄酒1大勺、盐1小勺、冰糖3粒

制作方法

1 葱洗净，切段；姜去皮、洗净，切片；藕去皮、洗净，切片，备用。

2 鲫鱼洗净，加入生抽、黄酒、一半葱段和姜片，腌制30分钟。

3 猪肋排骨洗净，剁成块；取小碗，放入所有调料汁，备用。

4 锅中放入排骨块、藕片、剩余葱段和姜片，接着摆放上鲫鱼。

5 然后将调好的料汁倒入锅中，加清水，小火焖约4小时。

6 焖好的鱼晾凉，拣去葱姜，盛入盘中，淋上香油，即可食用。

Q&A

包公鱼怎么做才骨酥肉烂？

包公鱼宜选用7cm长的新鲜小鲫鱼焖制而成，这样味道会更为鲜美；包公鱼一定要用小火焖，且锅内不宜滚沸，避免碎烂。另外，焖好的鱼要放在锅中晾凉后再取出，否则容易碎烂。

中级 ⏱ 50分钟 🍽 2人

葡萄鱼

- 材料：葱1段、姜1块、香菜1根、鸡蛋2个、青鱼1条、面包糠1碗
- 调料：淀粉1大勺、油1碗、白糖1大勺、白醋1大勺、盐1小勺、葡萄汁1碗、水淀粉1大勺、香油1小勺
- 腌料：料酒1大勺、盐1小勺、花椒粉1小勺

Q&A

葡萄鱼怎么做既可口又美观?

葡萄鱼难在刀工,先用直刀切,再改坡刀,最后每隔1cm切花刀,刀深至鱼皮,但不要切破鱼皮;蛋浆和面包糠要均匀地涂在鱼肉上,这样炸出来后口感更香脆;炸鱼时,待鱼肉张开成葡萄粒状时,方可取出。

制作方法

鱼皮不要切破

1 葱洗净,切段;姜洗净,切片;香菜洗净;鸡蛋打散在碗中,加入淀粉,搅打成蛋浆。

2 青鱼洗净,去骨取鱼肉,切成三角形,每隔1.5cm切直刀,鱼皮不要切断。

3 接着每隔1cm斜切花刀,刀深至鱼皮。

蛋浆和面包糠要粘满刀缝处

4 将处理好的鱼肉放在容器内,加料酒、盐、花椒粉,腌制10分钟。

5 腌好的鱼取出,裹上一层蛋浆,再撒上面包糠。

6 锅中倒入油,烧至七成热,放入处理好的鱼,炸至淡黄,鱼肉张开呈葡萄粒状时,捞出淦油。

7 锅中留底油,烧热后,放入白糖、白醋、盐,大火烧开后加葡萄汁。

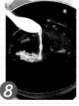

8 接着用水淀粉勾芡,放入葱姜,淋香油,制成汤汁。

9 将做好的汤汁淋在炸好的鱼上,摆上香菜,即可食用。

中级 ⏱ 50分钟 🍽 3人

徽州鱼咬羊

- 材料：葱1段、姜1块、香菜1根、鳜鱼1条、羊肉1块

- 调料：油3大勺、酱油2大勺、八角2个、白糖2大勺、盐2小勺、绍酒1大勺、白胡椒粉1
  小勺

羊肉膻味较大，需入沸水焯烫，以免影响口感；处理鱼肉时，从鱼脊背切出一个刀口，将鱼大骨及内脏取出，而不破坏鱼体完整；这道菜将鱼肉和羊肉相配，做出来后鱼不腥、羊不膻，味道鲜美无比。

制作方法

1 葱洗净，切段；姜去皮、洗净，切片；香菜洗净，切段，备用。

2 鳜鱼去腮、鳞，从脊背切出一个刀口，将鱼大骨及内脏取出，洗净，切成两段。

3 羊肉洗净，切成 3cm 长、2cm 宽的长方块，入沸水焯烫片刻，捞出滗干。

4 锅中倒入 1 大勺油，烧热后放入羊肉煸炒，加入水、一半葱段和姜片、酱油、八角、白糖、盐。

5 羊肉烧至八成烂时，拣去葱、姜、八角，将羊肉取出，羊肉原汤留用。

6 将羊肉塞入鳜鱼腹内，鱼身两面抹上酱油。

7 锅中倒入 2 大勺油，烧至六成热，放入鳜鱼，煎至两面金黄。

8 加入剩余葱姜和八角、酱油、白糖、盐，调入绍酒，倒入羊肉原汤。

9 小火煮沸后，再煮 2 分钟，撒上白胡椒粉和香菜，即可食用。

中级　　25分钟　　2人

清氽黄河鲤鱼

- 材料：香葱1根、鲤鱼1条、泡椒1袋
- 调料：盐1小勺、米酒1大勺、白糖1大勺、油2大勺

 制作方法

1 香葱洗净，切葱花；鲤鱼杀洗干净，在鱼身上切菱形花刀。

2 锅中倒入清水，烧开后，放入鲤鱼氽烫。

3 氽烫1分钟后，将鱼身翻过来再氽烫片刻，捞出，放入盘中。

4 泡椒切段，放入碗中，加盐、米酒、白糖、油拌匀，淋在鱼身上。

5 锅中倒入1大勺油，烧热后，淋在鱼身上。

6 最后，撒上葱花，即成清氽黄河鲤鱼。

Q&A
清氽黄河鲤鱼怎么做才味道鲜美？

鲤鱼杀洗干净后，在鱼身上切菱形花刀，方便入味；鲤鱼放入锅中不用氽烫太久，否则会影响肉质的鲜嫩；将泡椒等材料浇在鱼身上，再淋上热油，味道鲜香扑鼻。

草鱼富含硒元素，经常食用有抗衰老、养颜的功效，而且对肿瘤也有一定的防治作用；对身体瘦弱、食欲不振的人来说，草鱼肉嫩而不腻，有开胃、滋补之效，且可温中补湿、平肝祛风。

中级　40分钟　2人

莲蓬鱼

- **材料：**草鱼1条、肥猪膘肉1块、花生米1大勺
- **调料：**盐2小勺、葱姜汁1大勺、绍酒1大勺、鸡蛋清1份、绿菜汁1大勺、熟猪油2大勺、鸡汤半碗、水淀粉1大勺

制作方法

1 草鱼洗净，剔去鱼骨、鱼皮，取鱼肉；肥猪膘肉洗净，和鱼肉一起剁成泥，放入碗中。

2 加1小勺盐、葱姜汁、绍酒、清水，搅拌至上劲，再加鸡蛋清、绿菜汁，拌匀成馅。

3 取容器，将熟猪油均匀地刷在容器内侧，放入鱼肉馅，抹平。

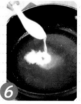

4 接着取5粒花生米，插在鱼肉馅上。按照步骤3、4，做好所有莲蓬鱼坯。

5 将莲蓬鱼坯放入蒸锅蒸5分钟，晾凉后取出，脱出容器，码放在盘内。

6 锅放中火上，倒入鸡汤、盐，烧开后用水淀粉勾芡，淋入熟猪油，浇在莲蓬鱼上即可。

Q&A
莲蓬鱼怎么做才鲜嫩美观？

搅拌鱼肉馅时，需缓缓倒入清水，边加边顺同一方向搅拌至上劲，这样吃起来才鲜嫩；花生米摆成梅花状，露尖少许，形似莲实；容器中需抹上一层熟猪油，方便鱼肉馅蒸好后从容器中取出。

鲫鱼味甘、性平，入脾、胃、大肠经，具有健脾、开胃、益气、利水、通乳、除湿之功效。这道菜酥香可口，可增进食欲，非常适合年轻人的口味。

中级　　35分钟　　2人

麻花酥鲫鱼

- 材料：葱1段、姜1块、蒜4瓣、青椒1个、红椒1个、鲫鱼1条、麻花1袋
- 调料：料酒1大勺、油2大勺、盐1小勺

 制作方法

切花刀可便于入味

1 葱洗净，切末；姜、蒜去皮、洗净，切末。

2 青椒、红椒洗净，切粒。

3 鲫鱼杀洗干净，切花刀。

4 接着，加葱姜蒜末、料酒、青红椒粒、油、盐腌制，放入烤箱，烤至干香。

5 锅中倒入1大勺油，烧热后，放入麻花炒制片刻。

6 炒好后，将麻花摆在鲫鱼周围，酥香鲜嫩的麻花酥鲫鱼就做好了。

Q&A

麻花酥鲫鱼怎么做才酥香美味？

鲫鱼杀洗干净后需切花刀，这样可使腌料快速入味，烧出来后味道才更鲜香入味；麻花重新下锅翻炒，主要是为增加其酥脆感，吃起来更加香酥美味。

中级　40分钟　3人

鱼羊炖时蔬

- 材料：油菜心1把、白萝卜1块、香菜1根、葱1段、姜1块、鸡蛋1个、鱼头1个、羊肉馅1碗、粉丝1把

- 调料：盐2小勺、料酒2大勺、白胡椒粉2小勺、淀粉1大勺、油2大勺

Q&A

鱼羊炖时蔬怎么做味道更鲜美？

鱼头需放入沸水中焯烫片刻，以去除腥味；羊肉馅中加入盐、料酒、白胡椒粉等腌制片刻后，汆出的羊肉丸子吃起来更鲜美。

制作方法

1
油菜心洗净；白萝卜洗净，切片；香菜洗净，切碎。

2
葱洗净，切丝；姜去皮、洗净，切丝；鸡蛋打散，备用。

3

鱼头处理干净，放入沸水中焯烫片刻，捞出。

4

羊肉馅中加1小勺盐、1大勺料酒、1小勺白胡椒粉、淀粉、鸡蛋液，搅拌匀匀。

5
锅中倒入2大勺油，烧热后放入葱姜爆香。

6
接着放入鱼头，煎片刻后烹入料酒，加清水，大火煮沸。

7

放入白萝卜，将调好的羊肉馅挤成丸子放入锅中，中火煮制片刻。

8

加剩余盐、白胡椒粉调味，放入油菜心、粉丝，煮熟。

9

最后，撒上香菜，即为汤鲜肉美的鱼羊炖时蔬。

中级 ⏱ 40分钟 🍽 3人份

鲈鱼蒸水蛋

- 材料：葱1段、香菜1根、姜1块、鲈鱼1条、鸡蛋2个
- 调料：盐1小勺、鸡油1大勺、油1大勺、蒸鱼酱油1大勺、白糖1大勺

Q&A
鲈鱼蒸水蛋怎么做更滑嫩鲜美?

在鲈鱼的鱼脊骨横切一刀,可方便入味,使鲈鱼更快蒸熟;姜丝塞入鱼腹内,蒸出的鲈鱼更加鲜美;鸡蛋加温水,并顺着同一方向拌匀,吃起来更滑嫩。

制作方法

1 葱洗净,切段;香菜洗净,切末;姜去皮、洗净,切丝。

2 鲈鱼洗净,在鱼脊骨横切一刀,将盐均匀地涂抹在鱼身上,腌制片刻。

3 将一半姜丝塞入鱼腹内,鱼身抹上鸡油,放入盘中。

4 盖上保鲜膜,放入微波炉,中高火蒸6分钟。

5 鸡蛋打散在碗中,加温水,用筷子顺着同一方向搅拌均匀。

6 取出鲈鱼,滗出盘中汤汁留用,将蛋液倒入盘中,盖上保鲜膜,再入微波炉中火加热5分钟。

7 锅中倒入油,烧热后爆香姜丝,放入葱段。

8 接着加蒸鱼酱油、白糖和滗出的鱼汤汁,煮沸。

9 将烧好的料汁浇在鱼身上,撒上香菜末,即可食用。

面点主食

寿桃豆腐

冬瓜蒸饺

寿桃豆腐、冬瓜蒸饺、土豆炸饺、徽州丸子……
享受百变面点主食的细腻口感。

土豆炸饺

徽州丸子

寿桃豆腐

级 ⏱ 1 小时 👥 2 人

- 材料：北豆腐 1 块、虾仁 15 个、火腿 1 块、生菜叶 1 片、姜 1 块、葱白 1 段、咸面包片 10 片
- 调料：鸡蛋清 2 份、盐 1 小勺、胡椒粉 1 小勺、淀粉 2 大勺、熟猪油 2 碗、香油 1 小勺

Q&A
寿桃豆腐怎么做才酥脆鲜嫩？

豆腐泥和虾仁泥中放入鸡蛋清、葱姜汁等，吃起来会更加鲜嫩；寿桃豆腐需过油炸两次，炸出来的面包片会更金黄香脆；复炸时油温不可过高，避免炸糊。

制作方法

1 豆腐洗净，用手攥成泥；虾仁洗净，挑去虾线，剁成泥。

2 火腿切末；生菜叶洗净，切成末，备用。

3 姜去皮、洗净，切成末，放入小碗中，加清水。

4 葱白洗净、拍松，切段，放入姜水碗中，浸泡5分钟，滗出汁液，即为葱姜汁。

5 将豆腐泥、虾仁泥放入容器中，加鸡蛋清、葱姜汁、盐、胡椒粉。

6 沿着同一方向搅拌至上劲，接着加淀粉拌匀。

7 将咸面包片修成桃形，备用。

8 在面包片上撒上一层淀粉，拍匀，再抹上约1cm厚的豆腐泥。

9 接着涂上一层鸡蛋清，将火腿末放在桃尖上，底部撒上生菜末，即为寿桃豆腐坯。

10 锅中倒入熟猪油，烧至四成热，放入寿桃豆腐坯，炸至面包片发硬、呈微黄色，捞出。

11 待油温升至七成热，倒入寿桃豆腐坯复炸，炸至呈金黄色后捞出，滗油。

12 将炸好的寿桃豆腐摆放在盘中，淋入香油，即可食用。

徽州饼

中级　⏱ 50分钟　🍽 3人

● 材料：红枣 20 颗、面粉 2 碗、白芝麻 1 大勺
● 调料：香油半碗、白糖半碗、熟猪油 2 大勺

Q&A
徽州饼怎么做才金黄香脆？

制作面团时，需先用开水烫面，烫至雪花状，再加入冷水，揉搓至上劲；制作枣泥馅料时，需用小火炒制，至黏稠、能挂在锅铲上为佳，这样吃起来口味更香。

制作方法

1 红枣洗净，放入清水中泡胀，入蒸锅蒸 1 小时后取出，去皮、核，碾成泥。

枣泥需炒至稠糊，能挂在锅铲上

2 锅中倒入 1 大勺香油、白糖，烧至融化，加入枣泥，小火炒至黏稠，盛出晾凉，即为枣泥馅料。

3 取半碗面粉，加熟猪油，揉搓成油酥面，备用。

4 剩余面粉倒入面盆中，加开水烫成雪花状，再倒入冷水，反复揉搓成光滑的面团，盖上保鲜膜，饧 10 分钟。

5 取出面团，按扁，包入油酥面，收口捏紧，擀成长方形薄片。

6 将长方形薄片叠成三折，成被子状，重复此过程 3 次。

7 将面团擀成薄片，自上向下卷起成长条，接着切成大小均等的面剂子。

8 取面剂子，按扁，包入枣泥馅料，收口捏紧，口朝下放在案板上。

9 将包入馅料的剂子按扁，擀成直径约 6cm 的饼坯，两面均撒上白芝麻。

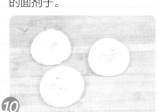

10 依照步骤8、9，做出所有饼坯。

11 将饼胚的一面刷上香油，有油的一面朝下，放入烧热的锅中后，另一面也刷上香油。

12 待一面烙至微黄，翻过来继续烙，如此反复 4 次，至两面均烙至金黄，即可出锅。

中级 ⏱ 45分钟 🍽 2人

挂面圆子

- 材料：葱1段、姜1块、生菜1棵、五花肉1块、挂面1把、馒头2个、鸡蛋清1份
- 调料：鸡汤半碗、盐1小勺、生抽1大勺、绿豆淀粉半碗

Q & A
挂面圆子怎么做才滑爽软绵?

猪肉丁的混合物中最好加入鸡汤,猪肉汤次之,这样做出来的圆子味道会更鲜美;裹圆子的淀粉需选用绿豆淀粉,红薯淀粉次之,尽量不要用玉米淀粉,因其黏性不是很好。

制作方法

1 葱洗净,切末;姜去皮、洗净,切末;生菜洗净,备用。

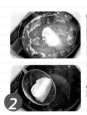

2 五花肉放入沸水中焯煮,倒掉血水,继续煮熟,捞出后切丁。

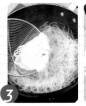

3 挂面入沸水煮至七成熟,捞出过冷水,剁碎,备用。

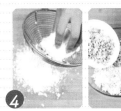

4 馒头用滤网搓成馒头渣,和碎挂面、猪肉丁混合。

5 加入鸡蛋清、鸡汤、盐、生抽、葱姜末,搅拌均匀,搓成大小均匀的圆子。

6 将圆子放入绿豆淀粉中裹匀,接着放入冷水中。

7 取出后,再裹一遍绿豆淀粉,入沸水焯烫片刻,捞出沥干。

8 锅中倒入冷水,煮沸后将生菜叶铺在笼屉上,放入圆子,大火蒸20分钟。

9 圆子蒸好后,撒上些许冷水,取出装盘,即可食用。

中级　1小时　2人

冬瓜蒸饺

- 材料：葱1段、姜1块、冬瓜1块、面粉1碗、肉馅1碗
- 调料：生抽1大勺、油半碗、香油1小勺、盐1小勺、白糖1小勺、白胡椒粉1小勺

Q & A

冬瓜蒸饺怎么做才筋道美味？

面粉中必须加入开水，和成烫面，这样做出的冬瓜蒸饺才筋道、爽滑，不过面不可和得太软，否则难以成形，影响美观。另外，蒸锅中刷上一层薄油，可避免粘锅。

制作方法

1 葱洗净，切末；姜去皮、洗净，切末；冬瓜去皮、洗净，切丁，滗干水分，备用。

2 面盆中放入面粉，边加开水，边搅拌成絮状。

3 接着揉成光滑的面团，盖上保鲜膜，饧约20分钟。

4 肉馅中加入葱姜末、生抽、油、香油、盐、白糖、白胡椒粉、水，搅拌至上劲。

5 再加入冬瓜丁，搅拌均匀，即成馅料。

6 将饧好的面团揉成长条，切成大小相同的面剂子，按扁，擀成饺子皮。

7 取饺子皮，包入肉馅，捏合成饺子，饧约5分钟。

8 蒸锅中刷上一层薄油，放入包好的饺子。

9 大火蒸至冒汽后，继续蒸约15分钟，即可盛出食用。

面点主食

中级　🕐 50分钟　😊 3人

徽州豆黄馃

- 面饼料: 面粉2碗、猪油1大勺、油1大勺
- 馅料: 肥猪肉1块、黄豆粉1碗、白糖3大勺、油1大勺
- 调料: 黑芝麻半碗、油1大勺

Q & A
徽州豆黄馃怎么做才香酥薄脆？

馅心最好不要用猪板油，猪板油中有碎渣，吃起来影响口感；揉面团时，尽量顺着同一个方向，否则做馃的时候不容易揉开和按薄；压芝麻的时候将馃坯收口朝上，避免露出黄豆粉。

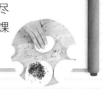

制作方法

不要用猪板油

① 肥猪肉洗净，切小丁，备用。

② 面粉中加入猪油、清水、油，用筷子搅拌成絮状。

③ 接着揉成光滑的面团，放在案板上，盖上保鲜膜，饧15分钟。

④ 黄豆粉中加入肥肉丁、白糖、清水、油，搅拌均匀，即为馅料，备用。

⑤ 将饧好的面团切成小块，按扁成圆形。

⑥ 取馅料放入圆饼中，收口包好。

⑦ 案板上撒黑芝麻，将馃坯收口朝上，压在芝麻上，尽量压薄。

⑧ 锅中倒入1大勺油，烧热后，放入馃坯，压上重物，一面煎黄后，继续煎另一面。

⑨ 待馃坯煎至金黄，香脆的徽州豆黄馃就做好了。

中级　50分钟　2人

土豆炸饺

- 材料：冬笋1块、荸荠4个、葱1段、姜1块、猪肉茸1碗、土豆4个
- 调料：白糖1大勺、老抽1小勺、料酒1大勺、油1碗、淀粉1大勺

Q&A
土豆炸饺怎么做才金黄香脆?

土豆炸饺需先入蒸锅蒸熟，再用油炸制，且表面不能有破损；炸时需控制油温，炸至金黄即可，不要炸出焦痕，以免影响美观和口感。

制作方法

1 冬笋、荸荠分别去皮、洗净，切成小丁；葱洗净，切末；姜去皮、洗净，切末。

2 猪肉茸中加入冬笋、荸荠、葱姜，调入白糖、老抽、料酒、1大勺油，拌匀，即为馅料。

3 土豆洗净，放入蒸锅蒸熟，晾凉后去皮。

4 将去皮的土豆放入盆中，压成泥，加1大勺淀粉，拌匀，备用。

5 取一小块土豆泥，用手按成饼，包入馅料，捏合成饺子。

6 依照步骤5包好所有土豆饺，放入蒸锅蒸熟。

7 锅中倒入剩余的油，烧热后，放入蒸好的土豆饺，炸至变色时捞出。

8 待油烧至八成热，放入土豆饺复炸至金黄，即可捞出渒油。

9 将炸好的土豆饺放入装有吸油纸的盘子，即可趁热食用。

中级 ⏱ 45分钟 🍽 2人

江毛水饺

- 材料：虾仁10个、榨菜1袋、猪肉馅1碗、面粉2碗
- 调料：料酒1大勺、老抽1小勺、生抽1大勺、盐1小勺、白糖1大勺、高汤2碗

Q&A
江毛水饺怎么做才皮薄肉嫩？

江毛水饺名为水饺，实为馄饨，在包制时，按照馄饨包法即可。馅料需用筷子朝同一方向搅拌至上劲，这样才更鲜嫩美味。另外，江毛水饺用高汤煮制，方可汤鲜味美。

制作方法

1 虾仁洗净，挑去虾线，切丁；榨菜切丁，备用。

2 将虾仁放入猪肉馅中，加料酒、老抽、生抽、盐、白糖。

3 慢慢加入清水，再放入榨菜，朝向一方向搅拌至上劲。

4 面盆中放入面粉，慢慢倒入冷水，用筷子搅拌成絮状，揉搓成光滑的面团，饧 10 分钟。

5 将光滑的面团揉搓成长条，切成大小均匀的剂子，擀成薄面皮。

6 取肉馅，放在面皮中，对折，四边捏紧。

7 接着，将面皮的两个角叠加在一起，捏紧，即为水饺坯子。

8 按照步骤6、7包好所有水饺。

9 锅中倒入高汤，烧热后放入水饺，煮至浮起，皮薄肉嫩的江毛水饺就做好了。

中级 ● 40分钟 ● 2人

徽州丸子

- 材料：糯米半碗、熟鹌鹑蛋10个、香葱1根、洋葱半个、姜1块、鸡蛋2个、猪肉馅1碗、白芝麻1大勺

- 调料：五香粉1小勺、盐2小勺、白糖1小勺、淀粉半碗、高汤1碗、胡椒粉1小勺、水淀粉1大勺

Q & A
徽州丸子怎么做才入口柔嫩?

糯米一定要提前用水浸泡,至少泡 12 小时,这样吃起来才会软糯;徽州丸子中的芡汁很重要,最好用高汤调制,淋在丸子上才会鲜美无比。

制作方法

1 糯米提前放入清水中浸泡 12 个小时,滗干水分;熟鹌鹑蛋去壳,备用。

2 香葱洗净,切葱花;洋葱洗净,切碎;姜去皮、洗净,切末;鸡蛋去壳,打散在碗中。

3 猪肉馅中放入洋葱碎、姜末,加五香粉、1 小勺盐、白糖调味。

4 接着加入一半鸡蛋液、1 大勺淀粉,搅拌均匀。

5 将鹌鹑蛋先沾裹鸡蛋液,再滚上剩余的淀粉。

6 取一勺肉馅放在手心,压平,放入一个上好浆的鹌鹑蛋,包好后搓成圆球。

7 将包好的丸子放入糯米中沾裹均匀,再放入盘中,入蒸锅蒸 20 分钟。

8 炒锅中加入高汤、盐和胡椒粉煮开,淋入水淀粉,即成芡汁。

9 将芡汁淋在蒸好的丸子上,撒上白芝麻、葱花,即可食用。

虾仁营养丰富，有补肾壮阳、通乳抗毒、养血
固精、通络止痛、开胃化痰等功效；肥猪膘肉
中含有多种脂肪酸，以及蛋白质、B族维生素、
钙等营养元素，能提供极高的热量。

🍚 中级　⏱ 45分钟　🍽 2人

夹心虾糕

- 材料：虾仁1碗、肥猪膘肉1块（肥多瘦少）、生菜1棵
- 调料：盐3小勺、黄酒1大勺、鸡蛋清1份、淀粉1大勺、鸡汤半碗、水淀粉1大勺、熟猪油1大勺

Q&A

夹心虾糕怎么做才咸鲜滑嫩？

将虾仁挑去虾线后，可放入清水中搅拌半分钟，倒出浑水，再换清水搅拌半分钟，洗净滗干，这样吃起来清爽不腥；蒸制夹心虾糕时，用大火蒸制6-7分钟即可取出，需把握好火候和时间，以免蒸得过硬或不熟。

制作方法

1 虾仁洗净，挑去虾线；肥猪膘肉洗净，和一半虾仁一起剁成肥膘虾泥。

2 肥膘虾泥中加盐、清水、黄酒、鸡蛋清、淀粉，搅拌至上劲。

3 生菜叶洗净，和另一半虾仁一起剁成泥，调入盐，搅拌均匀，成绿色虾泥。

4 取一个盘子，抹上薄薄的猪油，将一半肥膘虾泥在盘中铺平。

5 接着将绿色虾泥放在上面摊平，再将另一半肥膘虾泥放在绿色虾泥上摊平。

6 然后盖上保鲜膜，放入蒸锅蒸制，蒸好后取出，晾凉，切成3cm宽的长条，再改刀切菱形块。

7 将夹心虾糕摆入盘中。

8 锅中倒入鸡汤，加盐，大火烧开后，撇去浮沫，用水淀粉勾芡，淋上熟猪油。

9 将做好的芡汁淋在夹心虾糕上，即可食用。

蔬菜豆蛋

蒸香菇盒

朱洪武豆腐

蒸香菇盒、朱洪武豆腐、干蒸莲子、醉酒核桃仁……
品味徽式花样蔬菜的香鲜独特。

干蒸莲子

醉酒核桃仁

香菇中含有一种抗病毒的干扰素诱发剂，能提高人体抗病能力，可预防流行性感冒等症；香菇菌盖部分含有双链结构的核糖核酸，进入人体后，会产生具有抗癌作用的干扰素。

🍚 中级　⏱ 45分钟　🍽 2人

蒸香菇盒

- **材料：** 葱1段、香菇12个、火腿1根、鸡蛋1个、肉馅1碗
- **肉馅调料：** 生抽1大勺、盐1小勺、白糖1小勺、淀粉1大勺、熟猪油1大勺
- **调料：** 高汤1碗、淀粉1大勺、鸡汤1碗、生抽1大勺、盐1小勺、水淀粉1大勺、香油1小勺

Q & A
蒸香菇盒怎么做更香糯?

香菇不易保存,购买新鲜香菇后,需尽快处理;另外,香菇切开后淋上柠檬和醋,可防止变色。烹制时,香菇用高汤煮,味道会更鲜嫩;将烧好的汤汁淋在蒸香菇盒上,味道更佳。

制作方法

1 葱洗净,切葱花;香菇去蒂、洗净;火腿切末。

2 鸡蛋去壳,打散在碗中,备用。

3 肉馅中加火腿末、葱花、鸡蛋液和所有肉馅调料,拌匀。

4 锅中倒入1碗高汤,放入香菇,煮沸后捞出;煮香菇水留用。

5 取一半香菇,菇面朝下,平摊在案板上。

6 将淀粉撒在香菇上,接着均匀地铺上肉馅。

7 盖上另一半香菇,压紧,即成香菇盒生坯,然后放入蒸锅蒸10分钟。

8 锅烧热,放入鸡汤、香菇水、生抽、盐。

9 煮沸后,用水淀粉勾芡,淋入香油,浇在香菇盒上即可。

莲藕中富含铁、钙等微量元素，植物蛋白质、维生素头及淀粉含量也很丰富，有明显的补益气血、增强人体免疫力的作用。莲藕中还含有丰富的维生素K，具有收缩血管和止血的作用。

初级　20分钟　2人

雪湖玉藕

- 材料：香葱1根、枸杞1大勺、藕1节
- 调料：白糖3大勺、白醋2大勺

制作方法

1 香葱洗净，切葱花；枸杞泡发，捞出备用。

2 藕洗净、去皮，切成薄片，备用。

3 锅中倒入清水，煮沸后，放入藕片焯烫片刻。

4 捞出后过一下凉水，控干水分。

5 接着撒上白糖，浇上白醋，搅拌均匀。

6 最后，撒上葱花、枸杞，即为酸甜可口的雪湖玉藕。

Q&A
雪湖玉藕怎么做才清脆爽嫩？

首先，最好选购七月份产的鲜藕，吃起来口感更加爽脆；其次，莲藕要切成薄片，然后入沸水焯烫，再过一遍凉水，这样做出来的雪湖玉藕才脆嫩好吃。

朱洪武豆腐

🍚 中级　⏱ 45分钟　🥣 2人

- 材料：香葱1根、姜1块、葱1段、五花肉1块、虾仁10个、北豆腐1块
- 调料：盐2.5小勺、水淀粉3大勺、料酒1大勺、高汤1碗、鸡蛋清1份、淀粉1大勺、油1碗、白糖1大勺、醋1大勺

Q&A
朱洪武豆腐怎么做才金黄鲜嫩？

做朱洪武豆腐时动作需轻，以免豆腐破碎；豆腐坯裹上蛋泡糊炸制，炸出来后才会外脆里嫩。另外，豆腐坯需炸两次再烧制，这样做出来才金黄鲜嫩。

制作方法

1 香葱洗净，切葱花；姜去皮、洗净，切末；葱洗净，切末。

2 五花肉洗净，切成绿豆大小的末；虾仁洗净，挑去虾线。

3 将半小勺盐、2大勺水淀粉放入小碗中拌匀，接着放入虾仁上浆，涂抹均匀后，剁碎。

4 容器中放入肉末、虾仁碎、葱姜末。

5 接着调入料酒、1小勺盐、1大勺高汤，搅拌均匀，即为馅料。

6 豆腐洗净，切成4cm长、2cm宽、0.5cm厚的片，备用。

7 取一片豆腐，均匀地铺上馅料，再盖上一片豆腐，即成豆腐生坯。按照此法做好所有生坯。

8 鸡蛋清打发，加入淀粉，调匀成糊状，即为蛋泡糊，备用。

9 锅中倒入1碗油，烧至五成热，将豆腐坯沾匀蛋泡糊，逐个下入油锅炸至挺起，捞出。

10 待油温升至七成热，放入豆腐坯复炸至金黄，捞出沥油。

11 另起锅，倒入剩余的高汤，放入豆腐，加盐、白糖，小火烧开。

12 最后，调入醋，用水淀粉勾芡，撒上葱花，即成香嫩可口的朱洪武豆腐。

黑木耳富含蛋白质、脂肪、碳水化合物和多种维生素与无机盐等，有"素中之荤"的美誉，具有滋补润燥、养血益胃、活血止血、润肺润肠的作用。

中级　25分钟　2人

黑木耳炒三丝

- 材料：黑木耳 1 朵、青椒 1 个、红椒 1 个、茭白 1 根、蒜 3 瓣
- 调料：油 1 大勺、盐 1 小勺、清水 1 大勺、胡椒粉 1 小勺

制作方法

1 黑木耳泡发、洗净，青红椒和茭白洗净，均切丝；蒜去皮、洗净，切片，备用。

2 锅中倒入清水煮沸，放入茭白丝，再次煮沸后捞出，沥干水分。

3 锅中倒入 1 大勺油，烧热后爆香蒜片。

4 接着放入黑木耳丝，调入半小勺盐、1 大勺清水，中小火翻炒均匀

5 然后放入茭白丝、青红椒丝，继续翻炒。

6 最后，加剩余盐和胡椒粉调味，炒至断生即可。

Q&A
黑木耳炒三丝怎么做才爽脆美味？

因为茭白内含有大量的草酸，所以炒制前需入沸水焯烫一遍；青红椒易熟，可最后炒制，这样不仅能保持爽脆口感，还能使整道菜的色泽更为鲜亮。

芋头具有丰富的营养价值，能增强人体的免疫功能，可作为防治癌瘤的常用药膳主食。芋头所含的矿物质中，氟的含量较高，具有洁齿防龋、保护牙齿的作用。

中级　35分钟　2人

拔丝芋头

- 材料：芋头 5 个、芝麻 1 小勺
- 调料：油 1 碗、白糖 3 大勺

制作方法

1 芋头去皮、洗净，切滚刀块；芝麻拣去杂质，备用。

2 锅中倒入 1 碗油，烧至六成热，放入芋头块，炸至呈浅黄色，捞出。

3 锅烧热，放入芋头块，复炸至呈金黄色，捞出沥油。

4 锅中留底油，小火烧热，放入白糖，不断搅动至熔化。

5 待白糖起小泡时，迅速倒入炸好的芋头块。

6 撒上芝麻，翻炒均匀，立刻盛入盘中，即可食用。

Q&A
拔丝芋头怎么做口感更脆甜？

芋头需炸两次，炸至呈金黄色，吃起来才会外酥里嫩；炒制白糖时，需用小火，以免炒煳，影响口感。另外，拔丝芋头做好后需立刻食用，这样才能拔出丝，吃起来口感更佳。

黄豆中的不饱和脂肪酸和大豆卵磷脂能保持血
管弹性，并健脑益智，还能保护肝脏，使精力
充沛；胡萝卜富含维生素 A 和胡萝卜素，可以
保护视力、促进新陈代谢。

初级　　30分钟　　2人

香黄豆

- 材料：黄瓜1根、胡萝卜1根、香菜1根、黄豆1碗
- 调料：丁香2个、五香粉1小勺、盐1小勺、黄酒1大勺、酱油1大勺、甘草末1小勺

制作方法

1 黄瓜洗净，切丁；胡萝卜去皮、洗净，切丁；香菜洗净，切段，备用。

2 黄豆洗净，倒入锅内，加清水至淹没黄豆。

3 接着加丁香、五香粉，大火煮5分钟后，转小火。

4 调入盐、黄酒、酱油，加胡萝卜丁，拌匀，盖上锅盖，继续焖煮。

5 待黄豆皮皱，且卤汁煮至浓稠时，关火。

6 最后，放入甘草末、黄瓜丁，搅拌均匀，撒上香菜，即可食用。

Q&A
香黄豆怎么做更鲜香绵软？

黄豆中加入丁香、五香粉、甘草末等香料后，味道会更加鲜香；煮黄豆时，需先用大火煮开，再转小火慢煮，至黄豆皮发皱，这样做出来的香黄豆吃起来绵软爽口。

豆腐的蛋白质含量丰富，而且豆腐蛋白属完全蛋白，不仅含有人体必需的八种氨基酸，比例也接近人体需要，还有降低血脂、预防心血管疾病的作用。栗子具有养胃健脾、补肾强筋、活血止血之功效。

中级　35分钟　3人

栗豆腐

- 材料：香葱 1 根、熟板栗 20 个、冬笋 1 块、腊肉 1 块、五花肉 1 块、豆腐 1 块
- 调料：骨汤 1 碗、白糖 1 大勺、酱油 1 大勺、水淀粉 1 大勺

制作方法

1 香葱洗净，切葱花；板栗去壳、洗净，冬笋洗净，均切成 1cm 见方的丁。

2 腊肉和五花肉洗净，切丁；豆腐洗净，入沸水焯烫后捞出，切成 1cm 见方的丁。

3 锅中倒入骨汤，放入五花肉和腊肉，用中火煮制。

4 待肉丁烧至软烂，加入白糖、酱油调味。

5 煮沸后，放入板栗、豆腐、冬笋，继续煮。

6 最后，用水淀粉勾芡，撒上葱花，即可盛出。

Q & A
栗豆腐怎么做更鲜咸香甜？

豆腐需入沸水焯烫，以去除豆腥味；待五花肉和腊肉煮至软烂，再放入板栗、豆腐和冬笋继续煮，这样做出来的栗豆腐软烂鲜香。另外，腊肉本身偏咸，可依据个人口味少放或不放盐。

腰果中维生素 B$_1$ 的含量仅次于芝麻和花生，有补充体力、消除疲劳的效果，适合易疲倦的人食用；另外，腰果所含的蛋白质是一般谷类作物的 2 倍之多。

🍲 中级　⏱ 35分钟　🍜 2人

雪菜腰果

- 材料：葱1段、姜1块、雪菜2棵、熟腰果半碗
- 调料：油1碗、白糖1大勺、高汤半碗、盐1小勺、香油1小勺

制作方法

入沸水焯烫，以去除咸味

1 葱洗净，切末；姜去皮、洗净，切丝，备用。

2 雪菜洗净，切段，入沸水焯烫后捞出，备用。

3 锅中倒入1大勺油，烧热后爆香葱姜。

4 接着放入雪菜煸炒，加白糖、高汤翻炒后盛出。

5 用大火将锅中的油烧至八成热，放入雪菜，炸至酥脆，捞出滗油。

6 将雪菜、腰果装盘，撒上盐，淋入香油，即可食用。

Q & A
雪菜腰果怎么做才香脆不腻？

首先，将雪菜放入沸水焯烫片刻，以去除咸味；其次，煸炒雪菜时加入高汤和白糖，可提升这道菜的鲜香味道；最后，将雪菜入油锅炸一下，口感会更香脆。

莲子味甘、性平，可补脾止泻，养心安神。干蒸莲子这道菜具有利尿消炎、降血压、降血脂、养心、防中风、防癌抗癌等功效。

🍲 中级　🕐 1 小时 30 分钟　🍚 2 人

干蒸莲子

- 材料：莲子1碗、猪板油1块
- 调料：绍酒1大勺、白糖半碗、糖桂花1大勺

制作方法

1 莲子洗净、泡发，入冷水锅大火煮开，捞出后滗干水分。

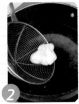

2 猪板油入沸水焯烫，捞出后切成2块，加绍酒腌制片刻。

3 将一块猪板油铺在碗底，放入莲子，加一半白糖、糖桂花，再盖上另一块猪板油。

4 接着放入蒸锅，蒸约1小时，至莲子酥烂，取出。

5 炒锅内加清水，放入剩余白糖，小火炒至熔化、浓稠。

6 蒸好的莲子去掉猪板油，浇上糖汁，即可食用。

Q & A
干蒸莲子怎么做才香甜绵软？

首先，莲子需入冷水锅大火煮熟，再放入蒸锅蒸至酥烂，这样做出的莲子吃起来口感绵软；其次，将猪板油放于莲子内，能增加莲子的酥香味，不过食用前要将猪板油拣出，以免影响口感。

这道菜由香脆的核桃仁搭配浓郁的白酒做成，沁人心脾，可增进食欲。核桃仁富含的油脂有利于润泽肌肤、保持人体活力；而核桃中的蛋白质有对人体极为重要的赖氨酸，对大脑很有益。

🍲 中级　🕐 35分钟　🍜 2人

醉酒核桃仁

- 材料：枸杞1大勺、鸡蛋1个、核桃20个
- 调料：冰糖1大勺、蜂蜜2大勺、白酒半碗

制作方法

1 将冰糖、蜂蜜放入碗中，加开水化成糖水；枸杞放入清水中泡发。

2 鸡蛋去壳，取鸡蛋清，倒入糖水中，搅拌均匀，制成蛋清糖水。

3 锅烧热，倒入清水烧开，再倒入搅拌好的蛋清糖水。

4 煮沸后撇去浮沫。

5 核桃去壳，放入煮沸的锅中，再次烧开后，加入白酒。

6 待煮至酒香四溢，大火收汁，翻炒均匀，撒上枸杞，即可装盘。

Q & A
醉酒核桃仁怎么做才脆甜香醇？

煮核桃仁时，汤汁一煮沸，核桃仁即熟，此时便可加入白酒，而且白酒越煮越香。另外，用冰糖而不用白糖，因为冰糖可提升整道菜的色泽，且味道更佳。

中级 ⏱ 40分钟 🍜 3人

中爪腐衣

- 材料：香葱 1 根、火腿肠 1 根、鸡脯肉 1 块、油菜 3 棵、海米 20 个、油皮 1 张
- 调料：黄酒 1 大勺、盐 1 小勺、鸡汤半碗、熟猪油 1 大勺

制作方法

1 香葱洗净，切末；火腿肠切丝；鸡脯肉洗净，入沸水煮熟后捞出，切丝；油菜洗净，入沸水焯烫后捞出。

2 海米洗净，放入碗内，加黄酒、清水，入蒸锅蒸至酥烂，捞出海米，汤汁去渣备用。

3 油皮放入温水中泡软，捞出洗净，切成 4cm 长、2cm 宽的长方片。

4 将油皮放入锅中，加盐、鸡汤、熟猪油、汤汁，大火煮 5 分钟，盛入汤盘。

5 将鸡丝、火腿丝放入汤盘中心，海米撒在四周，入蒸锅蒸 10 分钟。

6 蒸好后取出，撒上葱末，摆上油菜，即可食用。

Q&A
中爪腐衣怎么做更滋鲜味美？

中爪腐衣采取先烩后蒸的方式，做出来后味道极其鲜美；海米需先加黄酒和清水，入蒸锅蒸制片刻，这样口味更加鲜嫩。

西兰花含维生素C较多，比大白菜、番茄、芹菜都高，在防治胃癌、乳腺癌方面效果尤佳。银耳能提高肝脏解毒能力，保护肝脏，它不但能增强机体抗肿瘤的免疫能力，还能增强肿瘤患者对放疗、化疗的耐受力。

初级　30分钟　2人

兰花银耳

- 材料：西兰花 1 朵、银耳 2 朵
- 调料：蜂蜜 1 大勺、糖桂花 1 大勺、白糖 1 大勺

制作方法

1 西兰花洗净，切成小朵，入沸水焯烫，捞出过凉，备用。

2 银耳泡发、洗净，撕成小朵，入沸水焯烫，捞出沥干。

3 西兰花放入碗中，加蜂蜜、糖桂花，拌匀。

4 接着放入蒸锅蒸 5 分钟，取出后，装饰在盘子四周。

5 锅中倒入清水，放入银耳、白糖，煮约 5 分钟。

6 将煮好的银耳放在盘子中间，即为清鲜素雅的兰花银耳。

Q&A
兰花银耳怎么做才爽口香甜？

西兰花和银耳均需入沸水焯烫，而且西兰花焯烫后需用冷水过凉，这样可以保持其鲜绿的颜色，更加美观。另外，可依据个人喜好调整白糖、蜂蜜和糖桂花的用量。

中级　🕐 35分钟　🍚 2人

红球吐焰

- 材料：西瓜1块、生菜叶3片
- 调料：淀粉半碗、油1碗、番茄酱1大勺、白糖1大勺、水淀粉1大勺

制作方法

1 将西瓜瓤挖成大小均匀的球形，放入冰箱冷冻。

2 取出冻好的西瓜球，均匀地裹上淀粉。

3 锅中倒入1碗油，烧热后，放入西瓜球略炸，捞出沥油。

4 锅中留底油，烧热后放入番茄酱、白糖，加半碗清水，炒至熔化。

5 接着放入水淀粉，倒入炸好的西瓜球，快速翻炒，均匀地裹上芡汁。

6 生菜叶洗净，摆在盘中，然后将炒好的西瓜球倒入盘中，即可食用。

Q&A
红球吐焰怎么做更爽口？

西瓜球放入油锅中炸制时，不要炸过长时间，否则容易炸瘪，影响美观；炒西瓜球时，需快速翻炒，并使之均匀地裹上芡汁，这样做出的红球吐焰才鲜美好吃。

中级　　30 分钟　　2 人

青椒炒猪心

- 材料：葱1段、姜1块、青椒1个、胡萝卜1根、干木耳4朵、猪心1个
- 调料：料酒1大勺、油3大勺、盐1小勺、高汤2大勺、水淀粉1大勺

 制作方法

1 葱洗净，切末；姜去皮、洗净，切末，备用。

2 青椒洗净，切菱形片；胡萝卜去皮、洗净，切菱形片；干木耳泡发，捞出后洗净，撕成小块。

3 猪心洗净，切片，然后放入沸水中，加料酒，焯烫3分钟，捞出沥干。

4 锅中倒入2大勺油，烧至四成热，放入猪心滑散至熟，捞出。

5 净锅，倒入1大勺油，烧热后，爆香葱姜，接着放入猪心、木耳、青椒煸炒至熟。

6 最后，加盐调味，倒入高汤，再用水淀粉勾芡，即为爽口香嫩的青椒炒猪心。

Q&A
青椒炒猪心怎么做才滑爽鲜香？

干木耳需用清水泡发，以去除杂质，否则会影响口感；猪心需放入加了料酒的沸水中焯烫，可去腥；将猪心用油轻轻滑散，吃起来更鲜香。

中级　🕐 25分钟　🍚 2人

蛋黄豆腐

- 材料：内酯豆腐 1 盒、葱白 1 段、姜 1 块、红椒 1 个、黄椒 1 个、香葱 1 根、熟咸鸭蛋 4 个
- 调料：盐 1.5 小勺、油 1 大勺、高汤 1 碗、白胡椒粉 1 小勺、香油 1 小勺

制作方法

1 内酯豆腐切小块，放入淡盐水中，浸泡 5 分钟，捞出。

2 葱白洗净，姜去皮、洗净，红黄椒洗净，均切成末。

3 香葱洗净，切葱花；熟咸鸭蛋去壳，取蛋黄，切成小丁。

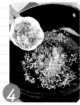 

4 锅中倒入 1 大勺油，烧热后爆香葱姜，放入咸蛋黄，小火略炒一下，再倒入高汤，大火烧开。

5 接着倒入豆腐块，加盐、白胡椒粉调味，转小火，烧至入味。

6 最后，撒上红黄椒末、香葱花，淋入香油，即可食用。

Q & A
蛋黄豆腐怎么做更鲜嫩？

内酯豆腐先用盐水浸泡 5 分钟，在烹制过程中不容易破碎；炒制咸蛋黄时不宜用大火，需用小火，否则容易糊锅。另外，内酯豆腐较嫩而且易熟，所以这道菜的烹制时间不宜过长。

徽式双冬

- 材料：上海青1把、冬笋1块、冬菇6朵
- 调料：油1大勺、老抽1小勺、盐1小勺

制作方法

1 上海青洗净；冬笋去皮、洗净，切片；冬菇去蒂、洗净，切片。

2 锅中倒入清水，烧开后放入上海青，焯烫片刻，捞出沥干。

3 接着分别放入冬笋和冬菇焯烫，捞出后沥干水分，备用。

4 锅中倒油，烧热后，放入冬笋、冬菇。

5 然后调入老抽，煸炒片刻，放入上海青。

6 最后，调入盐，翻炒至熟，将炒好的冬笋、冬菇摆放在盘子中间，上海青摆在盘子四周，即可食用。

Q & A
徽式双冬怎么做更清香爽口？

上海青、冬菇、冬笋需先入沸水焯烫，这样做出来后色泽更加鲜亮，口味也更清爽。另外，上海青易熟，炒制时需最后放入，以便不失其青绿颜色。

蜜汁红芋

- 材料：甘薯2个
- 调料：冰糖半碗、蜂蜜3大勺

制作方法

1 甘薯去皮、洗净，先切菱形块，再削成两头尖的橄榄形状。

2 锅中倒入清水，放入冰糖，中火熬煮。

3 待冰糖熬化，放入甘薯，加蜂蜜，继续烧煮。

4 煮沸后撇去浮沫，转小火，盖上锅盖，焖约1小时。

5 待汤汁黏稠时，取出甘薯，整齐地摆放在盘中，呈花朵形状。

6 将汤汁浇在甘薯上，即为色香俱佳的蜜汁红芋。

Q & A
蜜汁红芋怎么做才入口酥润？

甘薯选用红心的最佳；熬制冰糖和汤汁时，用中小火，避免熬煳；淋上蜂蜜熬制，不仅增添香滑口感，色泽也更鲜艳。另外，这道菜做好后需及时食用，这样口感更佳。

初级　　30分钟　　2人

茶干鸡丁

- 材料：鸡胸肉 1 块、八角 1 个、姜 3 片、茶干 10 块、红椒 1 个、香菜 1 根、花生米 1 把
- 调料：油 2 大勺、芝麻酱 2 大勺、生抽 1 大勺、香醋 1 大勺、白糖 1 小勺、香油 1 小勺、辣椒油 1 小勺

 制作方法

1 鸡胸肉洗净，放入锅中，加清水、八角、姜片煮熟，捞出晾凉，切丁。

2 茶干切丁；红椒洗净，切菱形片；香菜洗净，切碎。

3 花生米放入清水中浸泡片刻，捞出沥干后放入油锅炸熟，捞出沥油。

4 取小碗，加芝麻酱、清水，搅拌均匀，再加生抽、香醋、白糖拌匀。

5 将鸡胸肉、茶干、红椒、香菜放入容器中，混合均匀。

6 最后，浇上调好的料汁，淋入香油、辣椒油，撒上花生米，拌匀，即可食用。

Q&A
茶干鸡丁怎么做才爽口鲜美？

鸡胸肉需放在加了八角、姜片的清水中煮熟，这样既可去腥，又更入味，不过煮 10 分钟即可，以免煮老；芝麻酱一定要搅拌均匀，再加入生抽、香醋等调料，这样调制出来的料汁口感会更爽口鲜香。

贺师傅天天美食系列

好评热卖中

百变面点主食
作者◎赵立广 定价/25.00

松软的馒头和包子、油酥的面饼、爽滑的面条……各式玲珑面点，看一眼就让你馋涎欲滴，口水直流！

幸福营养早餐
作者◎赵立广 定价/25.00

油条豆浆、虾饺菜粥、吐司咖啡……不管你是上班族、学子，还是悠闲养生的老人，总有一款能满足你大清早饥饿的胃肠！

魔法百变米饭
作者◎赵之维 定价/25.00

炒饭、烩饭、寿司、焗烤饭、饭团、米汉堡，来来来，让我们与魔法百变米饭来一场美丽的邂逅吧！

爽口凉拌菜
作者◎赵立广 定价/25.00

老醋花生、皮蛋豆腐、蒜泥白肉、东北大拉皮……本书集合了全国各地不同风味的爽口凉拌菜，步骤简单，一学就会！

活力蔬果汁
作者◎加 贝 定价/25.00

本书以最有效的蔬果汁饮法为出发点，让你用自己家的榨汁机就能做出各种营养蔬果汁，养颜减脂、强身健体……还等什么？

清新健康素食
作者◎加 贝 定价/25.00

素食者不是不吃肉就可以了，而要有一套合理的素食方法！翻开这本书，答案全在这里，来做一个健康的素食主义者！